2e CAHIER.

De L'AGRICULTURE EN QUINCONCE,

AU MOYEN D'UN NOUVEAU SYSTÈME D'INSTRUMENTS.

PARIS,
IMPRIMERIE ET LIBRAIRIE D'AGRICULTURE ET D'HORTICULTURE
DE Mme BOUCHARD-HUZARD,
RUE DE L'ÉPERON, 5.

Prix, 50 centimes.

SOMMAIRE.

CULTURE EN QUINCONCE.

INSTRUCTIONS PRATIQUES

SUR

L'EMPLOI DU PLANTOIR LE DOCTE

ET DU RAYONNEUR-SARCLOIR

POUR LES SEMIS EN TOUFFES ET EN CARRÉS, AVEC ADDITION D'ENGRAIS ARTIFICIELS ET PULVÉRULENTS.

Usage. — Le rayonneur-sarcloir et le plantoir mécanique servent

1° A rayonner le sol en échiquier :

PL. I.

2° A semer les graines en touffes à distance voulue et avec engrais artificiels;

3° A recouvrir les semences et à tasser le sol;

4° A sarcler les plantes dans les allées longitudinales et transversales du terrain ;

5° A biner ou ameublir la terre entre les lignes ayant des directions opposées;

6° A butter la récolte dans les deux sens du champ.

Préparation du sol. — 1° Labourer à plat, c'est-à-dire sans ados ou billons. Cette disposition de labour peut être pratiquée sans inconvénient pour les plantes de printemps et d'été, même dans les régions où la culture en billons a toujours été reconnue nécessaire.

2° Éviter les fumiers pailleux à la surface du terrain.

3° Enfouir convenablement les chaumes de trèfle et de céréales, ainsi que le gazon provenant des prairies, des pâtures et des bruyères défrichées.

4° Diviser convenablement, par des hersages et des roulages, surtout dans les terres fortes, la surface de la couche cultivable.

5° Comprimer assez fortement les terrains légers et sablonneux.

6° Exécuter le dernier hersage de *biais*, ou dans un sens oblique à la direction du champ. Cette précaution n'est pourtant nécessaire que dans les terres où les sillons que tracent les dents de la herse peuvent être confondus avec ceux que doit former le rayonneur.

7° Terminer la préparation du sol en laissant celui-ci sur roulage.

Rayonnage. — 1° Sillonner ou tracer des lignes sur le

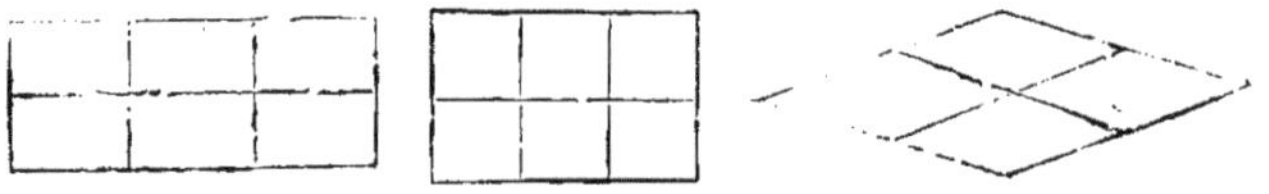

Fig. 1. Fig. 2. Fig. 3.

champ avec le rayonneur-sarcloir, de manière à former des

rectangles ou carrés longs (fig. 1), dont la grandeur est proportionnée aux besoins des plantes. Le rayonneur se prête aussi à la formation des carrés (fig. 2) et des losanges (fig. 3); mais l'expérience démontre que la plantation en rectangles doit être préférée.

2° Dépouiller à cet effet l'instrument de toutes les pièces de rechange, telles que dents, couteaux, socs, etc.

Fig. 4.

3° Poser la longue barre transversale sur la brouette, près de la roue, en l'attachant au moyen de deux écrous à clef (fig. 4).

4° Garnir cette barre des quatre dents articulées A, E, F et G, à l'aide desquelles on forme trois lignes à la fois, l'autre ligne servant à guider la roue ou la marche de l'instrument.

5° Placer premièrement les deux dents A et F à une distance bien égale du centre de la barre : l'espace laissé entre chacune de ces dents doit être double de celui auquel on veut tracer les lignes; viennent ensuite les deux autres dents E et G, qu'on amène vers les deux extrémités de la barre à une distance égale des premières, de façon que toutes les dents soient également distantes les unes des autres.

6° Prendre exactement ces distances avec un mètre ou cordon-mètre. La mesure, prise d'abord le long de la barre, est ensuite vérifiée sur les sillons que forment sur le sol la roue et les extrémités des dents articulées.

7° Relever, pour aller à la campagne, la partie mobile de cesdents, comme cela est indiqué à la dent A.

8° Enlever les poids curseurs D lorsque les terres sont légères, ou les ramener sur l'une ou l'autre partie des dents, suivant la résistance qu'offre la couche végétale.

9° Tracer en premier lieu les lignes les plus étroites, en allant, lorsque le terrain ne forme pas un carré parfait, dans le sens de la largeur du champ.

Tirer ensuite les sillons les plus écartés dans le sens contraire, en ayant soin d'observer la perpendiculaire, c'est-à-dire de marcher d'équerre sur les premières lignes formées.

10° Soulever chaque fois les brancards aux extrémités du terrain, afin d'exhausser les dents au-dessus de la surface du sol et de tourner avec facilité l'appareil.

11° Opérer le rayonnage à l'aide d'un ouvrier adroit. Lorsque le sol est montagneux, rebelle ou tenace, on a recours à deux enfants qui tirent la brouette avec une corde. Un seul enfant ne convient pas ; il masque la ligne sur laquelle on doit diriger la roue et empêche ainsi l'ouvrier de tracer des rayons bien réguliers, condition indispensable à la bonne exécution des sarclages.

Graines. — 1° S'assurer de la faculté germinative des semences.

2° Nettoyer convenablement les graines avant de s'en servir.

3° Enlever avec soin les débris et les parties ligneuses qu'elles contiennent.

4° Détruire l'adhérence ou le lien qui unit parfois ensemble plusieurs graines, comme cela se présente dans la Betterave.

5° Frotter parfaitement la semence de Carotte, afin de la dépouiller de son chevelu.

6° Renoncer à semer, au moyen du plantoir décrit ici, les Féveroles, les Pois, les Haricots, les Pommes de terre, dont la plantation en rectangle se fait à la main d'après les règles prescrites aux articles *Plantation* et *Recouvrement*.

7° Éviter, en vue d'économie, de semer une trop faible proportion de graines en faisant usage d'un disque trop étroit. L'observation pratique démontre tous les jours les inconvénients auxquels peuvent donner lieu, par suite de sécheresse, de pluie, des insectes, la réduction de la quantité de semences indiquée à l'article intitulé *Documents*. Cette remarque s'applique surtout aux Betteraves, aux graines fines, sensibles aux intempéries des saisons ou sujettes à être attaquées, lors de la levée, par les vers, les altises ou autres insectes.

Engrais. — 1° Se procurer des engrais pulvérulents, destinés à être répandus sur le sol comme substances supplémentaires. Les engrais artificiels, tels que guano, coquille calcaire de la panne, engrais Hillel, engrais Thiélens, guano de poisson, tourteaux réduits, suie, cendres de tourbe et de bois, noir animal, superphosphate de chaux, plâtre, poudrette, sels ammoniacaux, etc., peuvent être utilisés seuls ou mélangés; cependant il est préférable d'en associer plusieurs d'entre eux, afin d'avoir un engrais complexe.

2° Régler le dosage ou la quantité de l'engrais principal dont on désire faire usage, en y ajoutant une plus ou moins grande quantité de matières secondaires. Le plantoir distribuant environ 6 hectolitres de substances par hectare, il s'ensuit que, si l'on veut, par exemple, employer 2 hectolitres de guano, il faudra ajouter à cette quantité 4 hectolitres de cendres, de noir animal, de suie ou de toutes autres substances sèches dont le prix est peu élevé. L'expérience a démontré que 100 kilogrammes de bon guano à 28 fr., que 4 hectolitres de cendres à 80 centimes l'hectolitre, que 1 hectolitre de noir animal à 5 fr., ou, mieux, 1 hectolitre de tourteaux de Colza, le tout réuni en un mélange convenable, suffisent pour la végétation régulière de 1 hectare de racines, de plantes oléagineuses ou de céréales ensemencées dans un sol de fertilité moyenne. On remarquera, en outre, que cet engrais agit très-efficacement aussi bien sur les terres riches ou préalablement fumées avec des engrais de ferme que sur les sols épuisés.

3° Refuser d'employer les engrais humides ou en morceaux indivisibles.

4° Tamiser avec soin les matières fertilisantes lorsqu'elles ne l'ont pas été par le fabricant, de manière à former un tout homogène dont les parties les plus grossières ne dépassent pas, en volume, celui d'un petit Pois. Par cette opération, on écarte d'un seul trait les pierres, les clous, les chiffons, les poils accumulés, les morceaux de corde que l'on rencontre parfois dans les engrais et qui peuvent seuls faire rater l'appareil.

Montage et démontage du plantoir. — 1° Enlever la goupille ou cheville E du tube en cuivre F.

PL. 2.

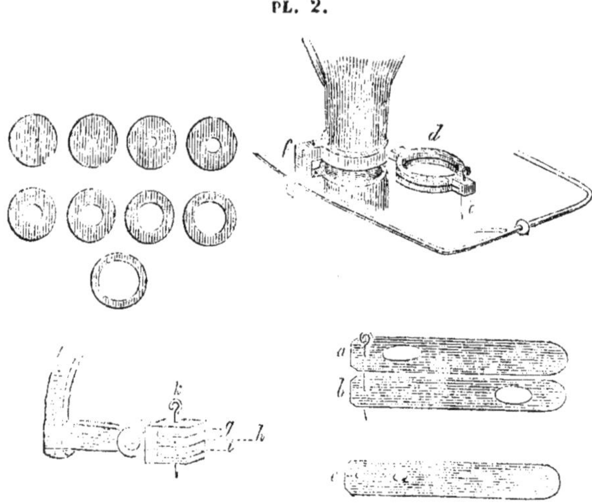

2° Ouvrir par une pression horizontale la boîte ou la partie médiane D du tube à graines.

3° Introduire dans cette boîte un des disques, fig. 1, ou anneaux en cuivre qui accompagnent l'instrument, et dont l'ouverture est proportionnée à l'espèce, à la grosseur et à la bonté des graines à ensemencer.

4° Fermer la boîte D.

5° Remettre la goupille E.

6° Placer les quatre platines ou glissières dans les divisions des tubes à graines et à engrais, en ayant soin de les poser dans l'ordre indiqué plus haut, par rapport à leur ouverture. La platine A doit être placée au-dessus et jamais en dessous de la platine B.

7° Faire aboutir, pour les grosses semences, l'extrémité de chaque platine dans les divisions G, L des pièces d'enclavement correspondantes, et les y maintenir au moyen de goupilles K.

8° Ouvrir les deux extrémités des goupilles, afin de les empêcher de tomber lorsqu'on renverse le plantoir.

9° Remplacer, lorsqu'on sème de fines semences, la platine supérieure A à grande ouverture par la platine C à petits trous, qui est jointe à l'appareil, et ramener la platine B de la division inférieure L dans celle du milieu H.

10° Enduire d'huile les parties frottantes du plantoir; toutefois les platines et les disques à graines ne peuvent être couverts d'aucun corps gras.

Conservation du plantoir. — 1° Conserver les platines sèches et polies;

2° Placer l'appareil, après chaque semaille, dans un endroit abrité ou exempt d'humidité, après avoir enlevé tout l'engrais qui n'aurait pas été utilisé.

Plantation ou semaille. — 1° Introduire l'engrais et les graines dans des sacs que l'on dispose sur les champs de ma-

PL. 3.

nière à pouvoir alimenter le plantoir sans perdre de temps.

2° Remplir l'appareil avec une coupe, une pelle courbée

ou une main d'épicier, sans confondre le compartiment à engrais de celui à graines, qui a une capacité plus petite que le précédent. Lorsqu'on utilise en même temps plusieurs plantoirs, un enfant est chargé de cette tâche.

3° Ouvrir les deux couvercles qui surmontent le plantoir, afin que la personne qui opère la plantation puisse s'assurer facilement du moment où l'instrument doit être chargé d'engrais ou de graines.

4° Faire descendre ou monter le manche en bois, selon la taille de celui qui doit s'en servir.

5° Saisir ce manche de la main droite.

6° Embrasser de la main gauche la poignée de la tringle.

7° Commencer la plantation à l'une ou l'autre des extrémités du champ, en se dirigeant dans le sens des lignes les plus écartées ou des allées les plus larges.

8° Poser ou plutôt frapper légèrement la partie inférieure de l'instrument, maintenu dans une position verticale, juste au point d'intersection, c'est-à-dire à la place où les lignes se croisent.

9° Imprimer à la poignée, et presque en même temps que la dose de l'instrument sur le sol, un mouvement assez vif de va-et-vient horizontal qui fait tomber simultanément la semence et l'engrais au point où les rayons se coupent. Ce mouvement se pratique toujours en commençant par presser la poignée contre le plantoir et la retirer ensuite à soi sans l'arrêter.

10° Attendre, après avoir opéré le mouvement, au moins une seconde ou une seconde et demie avant de soulever ou d'avancer le plantoir; cette précaution est nécessaire pour que l'engrais et la graine aient le temps de se déposer convenablement sur le sol. Le cercle régulier que doit former l'engrais autour des graines indique bientôt si l'instrument n'est pas enlevé avec trop de précipitation.

11° Soulever ensuite le plantoir verticalement (du bas en haut), afin de ne pas entraîner avec le dessous du plantoir les graines semées hors de l'endroit où elles ont été déposées;

passer au second point où les lignes se traversent, puis au troisième, et ainsi de suite jusqu'au bout de la ligne.

12° Reprendre la plantation sur la seconde ligne parallèle à la première et située à côté d'elle, passer à une troisième ligne et continuer jusqu'au bout du champ.

13° S'assurer, de temps à autre, si l'appareil distribue régulièrement l'engrais et les graines. Dès que l'ouvrier connaît un peu le maniement de cet objet, il exerce un second contrôle permanent en jetant sur le dernier poquet formé derrière lui un coup d'œil rapide pendant qu'il opère le mouvement de la tringle, et, profitant du petit moment d'arrêt (une seconde et demie) mentionné plus haut, il examine en avant la place où il doit placer l'appareil sur le sol.

14° Ajouter aux graines qui germent lentement, telles que Carottes, Betteraves, Tabac, etc., une certaine quantité de semences d'une pousse rapide, d'un prix peu élevé et pouvant résister aux attaques des insectes, telles que Colza, Cameline, Pavot, Sarrasin, Chanvre, Cresson alénois. Ce mélange permet d'effectuer le sarclage beaucoup plus tôt, alors même que les jeunes feuilles des plantes dont on désire obtenir le produit ne sont pas encore sorties de terre; il est, par conséquent, utile d'y avoir recours chaque fois qu'on a à craindre l'envahissement des mauvaises herbes.

15° Planter les Féveroles et les tubercules d'après l'une des méthodes indiquées à l'article intitulé *Recouvrement des graines*.

Les Pois, les Haricots nains sont déposés à la main, par des femmes ou des enfants, sur le sol rayonné, et sont ensuite enterrés par l'instrument muni du rouleau et des deux petits socs.

Recouvrement des graines. — 1° Recouvrir les graines avec soin aussitôt après la semaille, en se gardant d'attendre, lors d'un temps brumeux, que toute la pièce soit ensemencée avant de commencer cette opération.

2° Se servir, à cet effet, du rayonneur-sarcloir en le dégageant de toutes les pièces qui ont servi à sillonner le terrain.

3° Introduire soit deux dents, soit deux petits socs dans les mortaises de l'avant-dernière barre.

PL. 1.

4° Avoir recours aux dents dans les terres sablonneuses lorsqu'on ne veut enfouir que très-légèrement la graine et utiliser les deux socs, dont l'un, placé à droite, verse à gauche, et l'autre, placé à gauche, verse à droite, dans les terres d'une certaine consistance ou lorsque la semence demande à être enterrée plus ou moins profondément.

5° Distancer les dents ou les socs de telle sorte qu'ils ne puissent, en fonctionnant aux deux côtés de la ligne, déplacer les graines de l'endroit où elles ont été déposées. Dans les conditions ordinaires de culture, l'écartement, pris à la pointe des socs, est, en moyenne, de 22 à 24 centimètres.

6° Remplacer, en cas de nécessité, les recouvre-graine par un soc à double versoir pour enterrer les Féveroles. L'instrument, tiré par un cheval, est alors conduit entre les lignes les plus étroites.

7° Adapter, lorsque la surface du sol n'est pas trop humide, un petit rouleau à la mortaise de la barre postérieure. (Voir pl. 4.) Ce rouleau a pour effet de comprimer immédiatement la terre ramenée sur les graines et de graduer l'entrure des socs.

8° Cesser de faire usage du petit rouleau aussitôt que la terre adhère aux parois extérieures; dans ce cas, on tasse par un roulage ordinaire lorsque la surface du terrain est suffisamment ressuyée.

9° Conduire l'instrument, avec attention et d'un pas accéléré, dans le sens de la longueur du champ, en faisant marcher la roue sur les lignes ensemencées de manière que les recouvre-graine ramènent sur ces lignes une couche de terre plus ou moins épaisse, laquelle forme un ados très-précieux pour les sarclages et l'écoulement des eaux lors des fortes pluies.

10° Diriger, au contraire, l'instrument au milieu de chaque allée, c'est-à-dire entre chaque ligne garnie de graines, quand la terre, imprégnée d'humidité, s'accumule sur la roue.

11° Changer, dans ces circonstances, la disposition des socs; le soc de droite est alors placé à gauche et réciproquement. L'écartement des socs mentionné plus haut étant modifié, on arrive à entamer le recouvrement de deux lignes à la fois et à éviter que la roue ne déplace ou n'enlève avec elle une certaine quantité de semence.

Les Féveroles et les Pommes de terre peuvent être recouvertes à la bêche, à la houe à main et à l'emporte-pièce ou à la charrue, selon l'étendue de la culture. Quand on se sert de la charrue, le champ doit être rayonné d'un côté seulement et dans le sens de sa largeur; la charrue fonctionne dans le sens opposé et doit être maintenue légèrement penchée, afin qu'elle puisse creuser un sillon incliné, dans lequel on dépose, vis-à-vis de chaque ligne tracée par le rayonneur, soit des Féveroles ou un tubercule, soit même du Froment ou d'autres semences qui exigent, dans certaines circonstances, un grand enfouissement. Cette plantation se fait à la main ou au plantoir dans toutes les raies ou dans toutes les deux raies que trace la charrue; il est donc essentiel de proportionner la largeur des bandes de terre avec la largeur que doivent avoir les allées des plantes.

PL. 5.

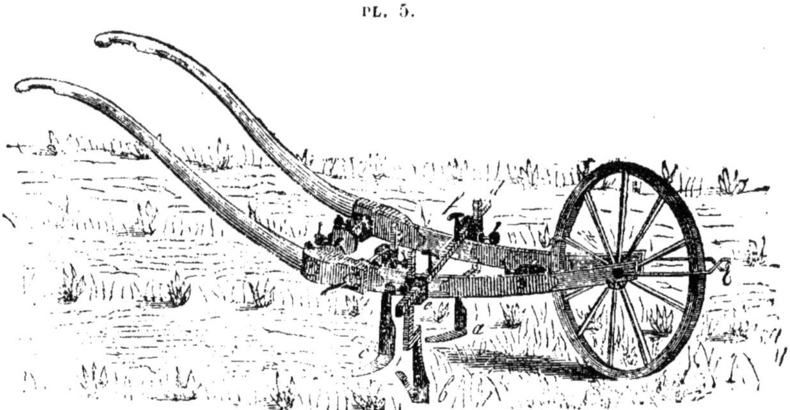

Sarclages. — 1° Éviter l'apparition des mauvaises herbes et leur trop grand développement, précaution très-essentielle au succès de la culture.

2° Pratiquer un ou plusieurs sarclages en longueur et en largeur immédiatement après la levée des plantes, ou dès qu'on distingue les lignes. Le terrain peut être, au besoin, sarclé en longueur avant que les graines ne soient germées: les ados formés par les recouvre-graine permettent ce travail. De plus, lorsqu'on associe des graines d'espèces différentes, comme il a été spécifié à l'article *Plantation*, on peut nettoyer le sol, plusieurs fois même, dans toutes les directions, avant la levée des plantes principales.

3° Sarcler le plus superficiellement possible. En général, les sarclages se font beaucoup trop profondément; une pluie survenant après les rend souvent plus nuisibles qu'utiles. On ne doit pas dépasser 2, 3 ou 4 millimètres de profondeur. Un homme dans les terres légères, un homme et un aide dans les terres fortes ou montagneuses suffisent pour conduire la brouette montée en sarcloir. La nécessité d'un plus grand personnel prouve qu'on opère le sarclage à une trop grande profondeur. En travaillant de bonne heure et superficiellement, les mauvaises herbes sont promptement et aisément détruites. Il importe, avant tout, de maîtriser son champ en expulsant les mauvaises herbes. Une fois cette condition remplie, il est toujours facile de donner l'ameublissement que réclame la récolte au moyen de binages. En résumé, on doit sarcler, non pas précisément pour diviser le sol, mais bien pour détruire les plantes parasites. On aura donc recours aux sarclages aussi souvent que le terrain le demande, avant de chercher à rompre le sol entre les lignes des plantes. Cependant, lorsque les végétaux, par leur développement, exigent un binage et que le terrain renferme encore des herbes non susceptibles d'être extirpées par le travail seul des dents, on opère alors avantageusement un sarclage en même temps qu'un binage en adaptant sur la brouette **1**, **2** ou **3** couteaux, suivis de 3, 4 ou 5 dents, selon l'isolement des lignes.

4° Enlever de la brouette, pour opérer le sarclage, les pièces servant à recouvrir la semence, et les remplacer par un ou plusieurs couteaux qui se prêtent à toutes les largeurs des rayons.

5° Prendre le couteau double C, en forme de cœur, pour les allées étroites, et l'adapter à la mortaise placée immédiatement derrière la roue.

6° Se servir en même temps de deux autres couteaux A et B lorsque les lignes sont d'une largeur moyenne ou grande: ces deux couteaux, introduits dans les mortaises E et F, sont mobiles le long de la tige D que deux écrous à clef maintiennent sur la brouette. On a soin de les poser de manière que le couteau B soit toujours placé dans la mortaise F qui figure à gauche de l'appareil. La même observation s'applique au couteau A. Le couteau double peut rester à la place qu'il occupe derrière la roue. Cependant, quand on travaille avec les trois couteaux, il est souvent préférable de le ramener dans une des mortaises derrière les deux autres couteaux, comme cela est représenté à la planche 5.

7° Ramener les brancards de la brouette à la taille de celui qui la dirige.

8° Éviter de monter ou de démonter inutilement l'instrument pour se rendre au champ ou en revenir avant d'avoir terminé le genre d'opération pour lequel il est approprié. Pour conduire l'appareil sur le terrain ou le ramener au logis, il suffit de descendre le régulateur qui se trouve en avant de la roue et de retourner complétement la brouette (*les couteaux en haut*). La même remarque s'applique aussi pour l'instrument approprié au binage ou au buttage.

Conservation du rayonneur-sarcloir. — 1° Aiguiser de temps à autre les couteaux, les nettoyer et les conserver exempts de rouille au moyen d'une substance grasse. Ces deux dernières précautions doivent être également observées pour le soc à double versoir.

2° Graisser l'essieu de la roue, les écrous et toutes les parties frottantes.

3° Conserver les appareils à couvert et les rentrer tous les jours après qu'on s'en est servi.

Binages. — 1° Biner entre les plantes afin d'ameublir et

Pl. 6.

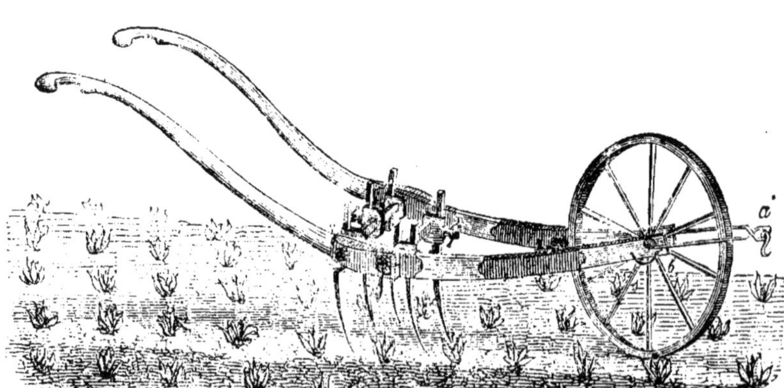

de diviser la partie du sol où les racines sont appelées à s'étendre.

2° Enlever à cette fin les couteaux du rayonneur et y poser des dents. Dans les lignes étroites on bine avec trois dents : elles se placent, l'une au milieu de l'avant-dernière barre, les deux autres coudées sur la barre postérieure. La première, travaillant au centre entre les rayons, peut opérer plus profondément que les deux autres sans atteindre le chevelu des racines. Pour les lignes larges ou moyennement larges, on a recours aux cinq dents, dont trois sont fixées sur la barre postérieure, et les deux autres sur celle qui précède. Elles sont posées à une largeur convenable et ont une entrure d'autant moins forte que les dents se rapprochent davantage des plantes.

3° Se garder de diviser le terrain à une grande profondeur entre les plantes par un seul et unique binage; mieux vaut en exécuter deux ou un plus grand nombre pour arriver successivement à ce résultat.

4° Éviter aussi, lorsqu'on effectue un binage profond, de poser les dents à une trop grande largeur, afin de ne pas ensevelir ou atteindre les plantes; c'est ainsi qu'on supprime fréquemment deux dents lors d'un binage puissant alors qu'on en applique cinq pour effectuer un binage léger.

5° Faire en sorte d'avoir terminé en largeur et en longueur du champ les derniers binages, avant que les plantes n'aient pris une trop grande croissance hors de terre.

Espacement des plantes. — 1° Avoir soin de ne pas attendre trop longtemps pour distancer les plantes. Tous les végétaux prospèrent mieux lorsqu'ils croissent en touffes, mais c'est à la condition que ceux qui doivent se développer séparément (voir l'article *Documents*) soient isolés ou espacés en temps convenable, afin qu'ils ne puissent se nuire mutuellement par leurs feuilles ou leurs racines.

2° Faire précéder, autant que possible, l'espacement des plantes d'un binage en long et en large, afin que la terre soit bien propre et meuble avant d'effectuer ce travail.

3° Laisser la plus belle plante ou les plus belles plantes à chaque touffe.

4° Tenir de la main gauche la plante qu'on veut conserver, et enlever de la main droite celles qui sont superflues.

5° Enlever, en même temps qu'on pratique l'éclaircissement, toutes les herbes qui avoisinent la touffe et qui n'ont pu être détruites par les sarclages.

6° Extraire ces herbes avec un petit sarcloir bidenté ou avec une petite rasette à main, en enlevant le moins de terre possible, surtout lors des temps brumeux.

7° Ramener ces herbes au milieu des grandes allées, pour qu'en cas de reprise à la vie on puisse les faire périr par un binage ultérieur.

PL. 7.

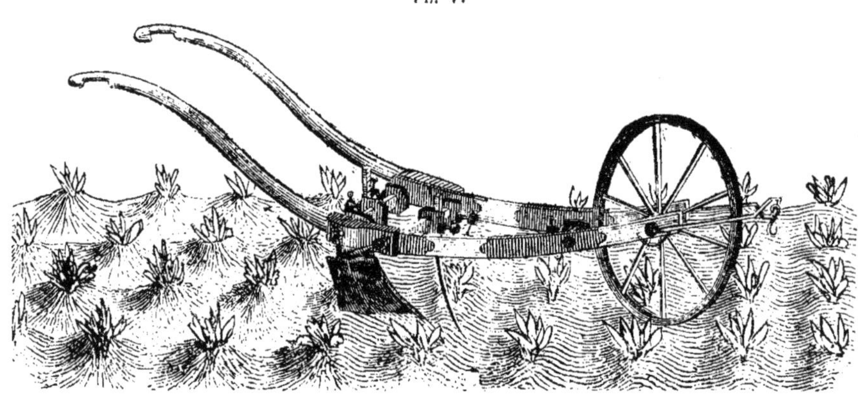

Buttage. — 1° Opérer un seul buttage en longueur et en travers du champ à l'aide du rayonneur.

2° Remplacer les dents de l'instrument par le double soc qui se place sur la barre postérieure.

3° Combiner, à cet effet, les travaux de menues cultures pour pouvoir butter la récolte immédiatement après lui avoir donné le dernier binage soit en longueur, soit en largeur.

4° Saisir le moment propice pour exécuter ce travail, afin d'éviter d'ensevelir les plantes trop jeunes ou de léser les feuilles, les tiges ou les racines des végétaux trop avancés.

5° Faire précéder le soc d'une dent, comme cela est indiqué à la pl. 7, lorsque la couche végétale est quelque peu raffermie.

6° Commencer de bonne heure le buttage dans les allées les plus étroites et remettre à plus tard celui des lignes les plus distancées. Pour les récoltes d'hiver, le second buttage a souvent lieu au printemps.

7° Utiliser, pour le buttage, un homme auquel viennent en aide une ou deux personnes, selon la résistance qu'offre la couche de terre à déplacer.

DOCUMENTS.

Distance à laquelle il convient de placer les plantes dans la culture en poquets au plantoir et au rayonneur-sarcloir.

Placer les Féveroles, les Haricots, le Sarrasin, le Navet, le Rutabaga, les Betteraves, le Chanvre, le Pavot, le Colza à 38 ou 39 centimètres d'un côté, sur 48 de l'autre ;

Les Carottes, Chicorées, Camelines, à 38 centimètres d'un côté, sur 40 à 44 de l'autre ;

Le Tabac, à 50 centimètres d'un côté, sur 50 à 56 de l'autre;

Les Betteraves à semence, à 50 centimètres d'un côté, sur 60 à 70 de l'autre.

Cette distance, que l'on trouvera peut-être exagérée, est celle que l'observation pratique recommande comme étant la plus profitable dans les conditions ordinaires de culture; cependant, si elle devait absolument varier pour une cause quelconque, soit par une grande infertilité ou une grande richesse du sol, soit par une variété spéciale de graine ayant un tallage plus ou moins prononcé, soit enfin par une semaille trop précoce ou trop tardive, alors on fera bien de changer de préférence la plus grande distance entre les lignes, et non la plus petite assignée plus haut pour chaque produit.

Quantité de graines qu'il convient de distribuer à chaque poquet où les lignes se croisent en adoptant l'espacement mentionné plus haut et en supposant une bonne qualité de semence.

Betteraves, de	5 à 7	graines.
Rutabagas et Navets	14 à 18	—
Carottes	16 à 20	—
Colza et Cameline	12 à 16	—
Chanvre	6 à 7	—
Féveroles	5 à 6	—
Haricots	5 à 6	—
Céréales	6 à 14	—
Sainfoin et Luzerne	6 à 8	—
Tabac	16 à 20	—

Quantité de plantes qu'il convient de laisser à chaque touffe ou poquet, lorsqu'on effectue l'espacement.

Certaines plantes n'exigent aucun espacement, tandis que d'autres demandent à être isolées quelque temps après leur germination. C'est ainsi qu'on ne doit laisser à chaque touffe ou poquet ensemencé que

3	plantes de	Carotte.
1	plante de	Betterave.
	—	Navet.
	—	Rutabaga.
	—	Colza.
	—	Tabac.
6	plantes de	Chanvre.
5	—	Pavot.
5 ou 6	—	Cameline.
1 à 3	—	Chicorée.
4 à 6	—	Sainfoin.
—	—	Luzerne.

Graines nécessaires à l'ensemencement de 1 hectare de terre.

Betteraves, de 7 à 9 kil.
Carottes, de 1 3/4 à 2 1/4 kil.
Colza, 2 1/2 litres ou 1 3/4 kil.
Navets, 4 litres ou 2 3/4 kil.

Rutabagas, 3 1/2 litres ou 2 1/2 kil.
Cameline, de 3/4 à 1 litre.
Féveroles, 180 kil. ou 2 1/10 hect.
Froment, de 40 à 60 litres.
Seigle, *id.*
Orge, de 50 à 70 litres.
Sarrasin, de 50 à 80 litres.
Chanvre, de 50 à 75 litres.
Tabac, de 1/4 à 1/2 litre.

Surface de terrain qui peut recevoir l'action des instruments en une journée de travail.

Un seul *plantoir mécanique* peut distribuer des graines et des engrais sur une étendue de 35 à 42 ares, ce qui revient à dire que cinq *plantoirs* suffiront pour ensemencer 2 hectares par jour.

Un seul *rayonneur-sarcloir* peut sillonner 1 1/2 à 2 hectares;

Recouvrir les graines de 1 hectare ;

Sarcler, biner ou butter 1 hectare.

PERSONNEL *nécessaire pour effectuer les différentes opérations de culture sur 1 hectare de terre.*

1° *Rayonnage.* — Formation des lignes avec la brouette dans les deux sens du champ : un ouvrier suffit dans les terres légères; un ouvrier et deux enfants sont parfois nécessaires dans les terres fortes et montagneuses.

2° *Recouvrement des graines.* — Un ouvrier pour les terres légères ou moyennement compactes; un ouvrier et un enfant peuvent facilement, dans les terres tenaces, recouvrir les semences à la brouette. Cependant, quand on recouvre profondément dans les terres difficiles et à fortes pentes, l'intervention d'un second aide peut être utile.

3° *Plantation.* — Une fille ou un enfant manie aisément un plantoir et peut facilement planter à la main les Féveroles, les Pommes de terre, les Haricots, aux endroits où les lignes se croisent, comme il est indiqué antérieurement.

4° *Sarclages.* — Un ouvrier suffit pour le sarclage dans les deux sens du champ des terres coriaces ou en pente ; un enfant pour tirer la brouette est souvent nécessaire, surtout lorsqu'on opère dans les allées les plus larges.

5° *Binages.* — Les binages à la brouette réclament tantôt un ouvrier seul, tantôt un ouvrier assisté d'un ou deux aides, selon que l'on divise le sol superficiellement ou profondément, qu'on travaille dans une terre meuble ou rebelle, qu'on opère dans les allées étroites ou dans les larges.

6° *Buttage.* — Un ouvrier et un ou deux enfants dans les terres légères ou moyennement fortes, trois ouvriers dans les terres argileuses ou en pente deviennent indispensables pour butter avec la brouette entre les lignes les plus écartées, tandis que ce nombre est réduit à un ouvrier et un enfant dans le premier cas, et à un ouvrier et deux enfants dans le second cas, lorsqu'on effectue le buttage entre les lignes les plus rapprochées.

7° *Observations générales.* — Le rayonneur-sarcloir est conduit par un homme et se prête à tous les moteurs. C'est ainsi qu'au besoin il peut être tiré par des hommes, des femmes et des enfants, par un cheval, un âne ou un chien.

Ce dernier animal est souvent employé aux travaux agricoles, particulièrement dans les Flandres, et suffit au tirage du rayonneur-sarcloir.

Pour la moyenne ou la grande culture, on peut avoir recours à un cheval qui traîne à la fois deux ou trois brouettes au moyen d'un palonnier spécial.

En travaillant sur trois lignes en même temps, on peut très-bien sarcler, biner ou butter, dans les allées les plus larges, une surface de 3 à 5 hectares en une journée de travail.

PARIS. — IMPRIMERIE DE Mme Ve BOUCHARD-HUZARD, RUE DE L'ÉPERON, 5.

RENSEIGNEMENTS.

Voici l'extrait d'une lettre de M. Dailly, membre de la Société centrale d'agriculture.

Paris, 1er novembre 1854.

« J'ai, cette année, cultivé, à Trappes et à Bois-d'Arcy,
« 11 hect. de Betteraves. Mon régisseur évalue à 5,000 ki-
« logrammes à l'hectare l'augmentation de produit que
« nous a donnée, dans cette ferme, la culture à poquets (faite
« d'après le système le Docte, au moyen du plantoir et du
« rayonneur-sarcloir que vous m'aviez procurés). J'avais, à
« Bois-d'Arcy, 1 hectare 72 ares de Betteraves en lignes et
« 2 hectares 40 ares de Betteraves en poquets.

« Ma récolte moyenne a été, dans cette ferme, de 41,500
« kilogrammes de Betteraves à l'hectare. Mon régisseur,
« M. Querot, qui a tenu note du produit de l'étendue en li-
« gnes et de l'étendue en poquets, a reconnu que la pre-
« mière avait fourni un produit seulement de 33,500 kilo-
« grammes à l'hectare, et la deuxième un produit de
« 47,500 kilogrammes à l'hectare.

« Encouragé par ces résultats que j'ai obtenus cette an-
« née, je me propose, l'année prochaine, de faire usage,
« pour la culture de la plus grande partie de mes Betteraves,
« de la méthode de M. le Docte. »

A MM. Van Langenhove et Meeûs, 19, quai Bourbon, à Paris.

M. le baron Peers, ancien membre de la chambre des représentants de Belgique, rend compte, en ces termes, d'une expérience qu'il a exécutée :

« Augmentation de récolte de 14,000 kilogrammes de
« Betteraves par hectare, chiffre qui correspond à une va-
« leur de plus de 250 fr.

« En tenant compte des frais de culture et ayant égard au
« rendement de la récolte, le prix moyen de 1,000 kilo-
« grammes de Betteraves semés au plantoir est de 7 fr. 75 c.,
« tandis que celui des 1,000 kilogrammes semés à la main
« s'élève à 11 fr. 37 c.

« Des semis effectués d'après le nouveau système produi-
« sirent 30,500 kilogrammes de Rutabagas, tandis que le
« champ où la semence avait été répandue à la main donna
« à peine 26,000 kilogrammes. »

Van Langenhove,
membre de la Société centrale d'agriculture,
à Bruxelles.

Meeûs,
ancien vice-président
de la commission d'agriculture
du Brabant.

Extrait des *Annales de l'agriculture française.* — Année 1854.

TABLE DES CHAPITRES

ET DES MATIÈRES.

www.ingramcontent.com/pod-product-compliance
Ingram Content Group UK Ltd.
Pitfield, Milton Keynes, MK11 3LW, UK
UKHW022151260726
13993UKWH00005B/2289